微景观创作

朱 晔　主编

苏州大学出版社

图书在版编目(CIP)数据

微景观创作 / 朱晔主编. —苏州: 苏州大学出版社, 2022.6
知心老师家校合作课程
ISBN 978-7-5672-3964-7

Ⅰ. ①微… Ⅱ. ①朱… Ⅲ. ①盆景—观赏园艺 Ⅳ. ①S688.1

中国版本图书馆 CIP 数据核字(2022)第 087748 号

书　　名: 微景观创作

主　　编: 朱　晔
责任编辑: 王　娅

出版发行: 苏州大学出版社(Soochow University Press)
社　　址: 苏州市十梓街 1 号　**邮编:** 215006
印　　刷: 镇江文苑制版印刷有限责任公司
邮购热线: 0512-67480030
销售热线: 0512-67481020

开　　本: 787 mm×1 092 mm　1/16　**印张:** 4　**字数:** 40 千
版　　次: 2022 年 6 月第 1 版
印　　次: 2022 年 6 月第 1 次印刷
书　　号: ISBN 978-7-5672-3964-7
定　　价: 28.00 元

图书若有印装错误, 本社负责调换
苏州大学出版社营销部　电话: 0512-67481020
苏州大学出版社网址　http://www.sudapress.com
苏州大学出版社邮箱　sdcbs@suda.edu.cn

微景观社团摄影作品《笑靥如春》（2018 年苏州市“春之校园”摄影比赛第一名）

编委会

主　　编：朱　晔

副 主 编：吴益民　许融融

参编人员：王　炜　周若菡　黄依平　钱　静　潘宇峰
梅梦迪　高　丽　周歆宜　张　昱　戴夏梅

家长顾问：侯　群　贡静静

（特别感谢昆山市关心下一代工作委员会、江南小调旗舰店、速景微景观生态对本书的友情赞助）

致家长读者

亲爱的家长读者，《中华人民共和国未成年人保护法》在几经修订后，于2021年的“六一国际儿童节”正式实施。同年10月23日，全国人大常委会会议表决通过《中华人民共和国家庭教育促进法》，这是我国首次将家庭教育进行专门立法。在中国共产党成立100周年之际，出台这两部法律，受益者是我们祖国的花朵——未成年人。可见，党和国家对教育的重视，对促进未成年人健康发展的决心。两部法律的出台对父母“依法育儿”“科学育儿”有了新的要求。

如何做一个智慧型、民主型父母成为80后、90后新时代父母的共性难题。只要我们有终身学习的意识，就能在家里播下一颗幸福的种子。知心老师在两部法律出台之后，为您精心准备了这本融合家庭教育和未成年人保护、劳动教育、心理健康教育的亲子读物，希望知心老师能成为您进行家庭教育，护佑孩子健康成长、全面发展的最坚实伙伴。

怎样的书才是适合亲子共读的呢？答案是能够让家长喜欢，孩子也喜欢的书。经过实践研究与探索，知心老师结合“减负”“创新”“家校合作”“劳动教育”“心理健康教育”等教育热点编写了此书。

一、聚焦“减负”，这是“缓释压力读物”

2021 年，“双减”成为“网红”词汇之一，引起了很多家庭的关注。本着给学生和家长减负的初衷，当您和孩子拿起这本书的时候，这本如同绘本一般的读物，让您和孩子感觉清新而无压力。

二、聚焦“创造力”，这是“创新教育读物”

在中国，太多的父母为了给自己减压，缓解自己的“教育焦虑”，选择把孩子送去培训机构补课。有太多的父母向知心老师倾诉带娃的艰辛，“神兽”成为一些家长对孩子的昵称。本书在减压的同时，以用脑科学为依据，通过第二课堂激发孩子的探索欲和创造力。始终坚持以孩子的全面发展和终身成长为目标，经过几年的社团课实践，我们欣喜地看到“小小设计师们”用自己充满创造力的作品表达内心真正的自我。

三、聚焦“家庭教育”，这是“家校合作读物”

2017 年，江苏昆山“家校合作”启航，昆山率先创建全国首个“家校合作试验区”，知心老师携手家长，一起实践家校共育。或许有些家长对自己孩子的老师有颇多不满意，本书想告诉家长朋友，要学会与老师、学校沟通，家校合作最终受益的将是您的孩子。当您走进校园，作为“教育参与”的一分子，您的孩子会有无比的安全感和自豪感。常有孩子来告诉知心老师，他们因为爸爸或妈妈是学校的志愿者而感到无比骄傲。在本书中，我们看到了很多家长来参与家校合作课程，参与知心老师精彩生活社团活动。

四、聚焦“劳动”，这是“劳动教育读物”

不可否认，学校曾经出现过片面追求升学率而忽视劳动教育的现象。我国历来就有“劳动最光荣”的优良传统，为了实现“德、智、体、美、劳”五育并举，很多学校都开辟出空地让学生种菜、种花。孩子是天生的哲学家，这种基于传统的“贵族式”劳动教育，受到了孩子们的质疑：“老师，有的同学家里有别墅、大花园，回家也能种菜、种花，我们家只有一个小阳台，怎么办呢？”知心老师在关注教育公平的同时，尝试去理解孩子，告诉他们“古巴比伦就有空中花园，你可以拥有更科技型的空中花园和菜园”，于是就有了“微景观创作”这样一个可以兼顾每个城市孩子“花园梦想”的劳动课程。社团课的孩子们学会应用科学技术制造出“人工土壤环境”，还自主研发了“空中菜园”，收获的季节，还带着自己的农产品去福利院做慈善事业。在知心老师的帮助下，孩子们实现了“城市花农”和“城市菜农”的田园梦想，也让学校教育向千家万户延伸。

五、聚焦未成年人“身心健康”，这是“心理健康读本”

自从新冠疫情暴发以来，我们又多了一种新的生活方式——居家隔离。居家隔离带来的焦虑成为全球共性问题，随之而来的是人类面临的新问题：如何打造居家隔离精品生活？本着“花园疗愈”“艺术疗愈”的理念，书中的小读者周若菡把自己居家隔离的烦恼用设计、创作微景观的艺术方式表达出来，让宅家生活变得更加丰富多彩。

总之，《微景观创作》立足于保护未成年人的全面发展，融合家庭教育，指导家长提高育儿水平。在“双减”的背景下，这样的课程不以考试分数为直接目的，更多关注孩子健康人格的发展，同时它也是疫情时期用于应对疫情焦虑而研发的精彩生活课程。

致小读者

亲爱的小读者，当你上完延时班，回到家中的时候，已经非常疲惫了吧？每当你进入紧张的考试阶段，你是否有过失眠的经历？新冠疫情期间，宅家的线上学习是否让你感到烦躁不安？

我想把日本作家松浦弥太郎的一段话送给你们：“所谓幸福，既不能用钱买到，也无法顺手偶得，更不会某一日突然从天而降。亲手播撒自己选中的种子，浇水、施肥，用心呵护才能绽放出名为‘幸福’的花朵。”

当你放学回到家里的时候，家里的手机或平板电脑一定非常吸引你。希望你能合理使用它们，因为过多地使用电子产品会伤害眼睛，产生许多负面作用。让你变得反应迟钝。知心老师为你用心准备的这本书，希望你能喜欢。即使没有老师教，相信聪慧的你通过读完这本书，也可以和爸爸妈妈一起创作出非常优秀的作品。孩子们，你愿意和知心老师一起来体验生活，当一回城市花农，一起享受园艺的乐趣吗？每当你进入紧张的考试阶段时，你自己设计并创作的微景观花园便是你的医生，它可以把你照顾得很好，打开马丁《催眠的花园》这首音乐，想象自己变成爱丽丝，飞进自己的微景观仙境，那里鸟语花香，金色的阳光照耀着花园，洒在你的身上，一切是那么温暖，那么美好，那里是属于你的心灵花园，花园里小鸟婉转的歌声和泉水叮咚声能让你特别放松……

也许，此时的你和书中的若菡一样，正在宅家上网课，反复的新冠疫情让你感到心情烦躁。心动不如行动，那就和知心老师一起播种一个小生命，让它陪伴着你，收获属于你的幸福童年吧！

目录

第一课
走进微景观的世界

作品欣赏

（1）　（2）　（3）　（4）　（5）

微景观的概念

微景观主要是用苔藓、多肉等生长条件需求相似的植物，配上各种精美的小玩偶，做成的又实用又美观的桌面盆景。

什么是苔藓微景观？
什么是多肉微景观？

微景观的分类

微景观常见的有苔藓微景观和多肉微景观两种。

你能把第 2 页的五幅图进行分类吗？

苔藓微景观　　　　多肉微景观

第二课
苔藓微景观的土壤条件

制作微景观的材料

制作一个微景观需要的材料很多，大致分为以下几种：土壤、植物、摆件、灯光、工具等。

不同种类的微景观需要不同的材料。本课主要介绍苔藓微景观需要的土壤条件。

苔藓微景观的土壤条件

（1）**轻石的作用：**将多余的水排入轻石层，可以防止植物烂根，轻石层铺1厘米厚即可。

陶粒土的作用：基本和轻石相同，通风性优于轻石，也具有排水作用，能够防止植物烂根。陶粒土层可以铺5厘米以上厚，厚一点比较好，但太厚了会影响美观。由于陶粒土颗粒大，适合比较大的微景观。

轻 石

陶粒土

（2）**水苔的作用：**防止泥土渗透到轻石或陶粒土里，同时可以吸附多余的水分，保持土壤湿润。

（3）**营养土的作用：**由多种配方构成，保湿性、透气性好的营养土能给植物提供充分的养料。

水 苔

营养土

想一想

回忆刚才学习的内容，说说苔藓微景观土壤由哪几部分构成?

苔藓微景观的土壤由__________、__________、__________等构成。

亲子作业

找一找

1. 和你的爸爸妈妈逛逛花店、超市或网络商店，找一找苔藓微景观的土壤，并了解土壤材料的价格。

2. 亲自去调查一些营养土的构成成分，并把了解到的情况在下节课上分享给你的同学。

第三课
苔藓微景观的常用植物

回顾与分享

上节课我们认识了苔藓微景观需要的土壤条件，并和自己的爸爸妈妈进行了社会调查。你知道营养土通常是由什么成分构成的吗？

苔藓微景观的常用植物

由于苔藓是一种喜阴植物，所以我们搭配其他植物的时候也以喜阴植物为主。常用的苔藓微景观植物主要有三类：

（1）蕨类植物

绿云蕨　　纽扣蕨

心愿蕨　　鸟巢蕨

（2）网纹草

（3）木本植物

苔藓微景观常用的植物虽然品种繁多，但都有共同的特点，那就是植物比较小巧，而且生长缓慢，适合在小的空间中种植。

亲子分享

你还知道哪些植物是可以用来制作苔藓微景观的？请和大家分享一下吧。

亲子作业

和你的父母一起在生活中找到以下这些品种的苔藓。

第四课
苔藓微景观的常用摆件

回顾与分享

上节课我们认识了苔藓微景观的常用植物。你认识下面的植物吗？试着写出它们的名字吧。

(　　　　)　(　　　　)　(　　　　)

常用摆件

苔藓微景观的造景配件

常见的苔藓微景观，其造景用的配件玩偶以宫崎骏系列动漫电影里的人物模型为主，尤其以龙猫系列玩偶最为常见。

另外，小桥流水、小蘑菇、沉木、小栅栏、鹅卵石、河川沙等都是常用的配件。这些小配件被恰到好处地运用到苔藓微景观布景中，起到了丰富景观视觉效果的作用。

可爱的小女孩

憨厚的龙猫

常用的苔藓微景观摆件有哪些？你喜欢哪一种呢？

上网查一查常用的苔藓微景观摆件，选择自己喜欢的一个摆件画一画。

第五课
苔藓微景观的常用器皿

苔藓微景观的常用器皿

苔藓微景观主要是在玻璃器皿内利用苔藓、小型观叶植物、种植土、装饰沙、配件等构成的。一盆漂亮的苔藓微景观当然少不了造型独特的器皿来增色。让我们一起来看一看制作苔藓微景观都有哪些常用的器皿吧！

生态瓶

玻璃花房

圆吊马尾

G型铁架

常用器皿欣赏

DIY 微景观时，所需要的器皿可以用废物利用的方法来制作， 家中养鱼或种铜钱草的缸，都可以用来作为微景观生态瓶。

亲子作业

DIY 微景观器皿

试一试和爸爸妈妈一起利用身边废弃的玩具、日常生活用品等材料制作一个微景观器皿吧！

第六课
苔藓微景观的常用
制作工具

回顾与分享

上节课我们了解了一些苔藓微景观的常用器皿，你还记得有哪些吗？

苔藓微景观的常用制作工具

苔藓微景观的常用制作工具一般有铲、耙、锹、热熔胶棒、热熔胶枪、弯头镊子、直头镊子、小木刷、筷子、土铲勺、剪刀及手套、喷瓶等。

工具介绍和说明

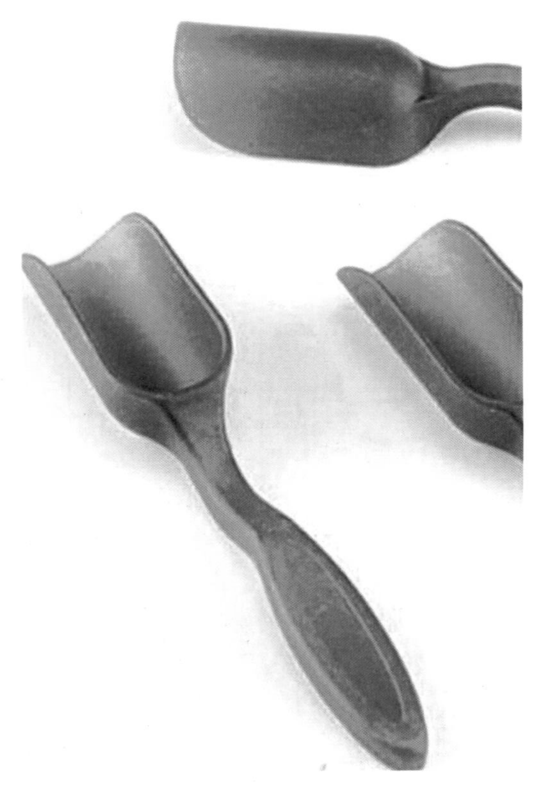

土铲勺

弯头镊子、直头镊子

锹、铲、耙

小木刷

筷子

剪刀

热熔胶枪

热熔胶棒

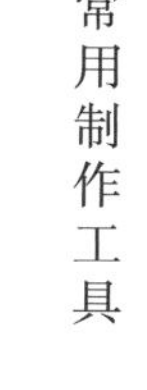

喷瓶

手套

辨一辨

你能写出下面微景观制作工具的具体名称吗？

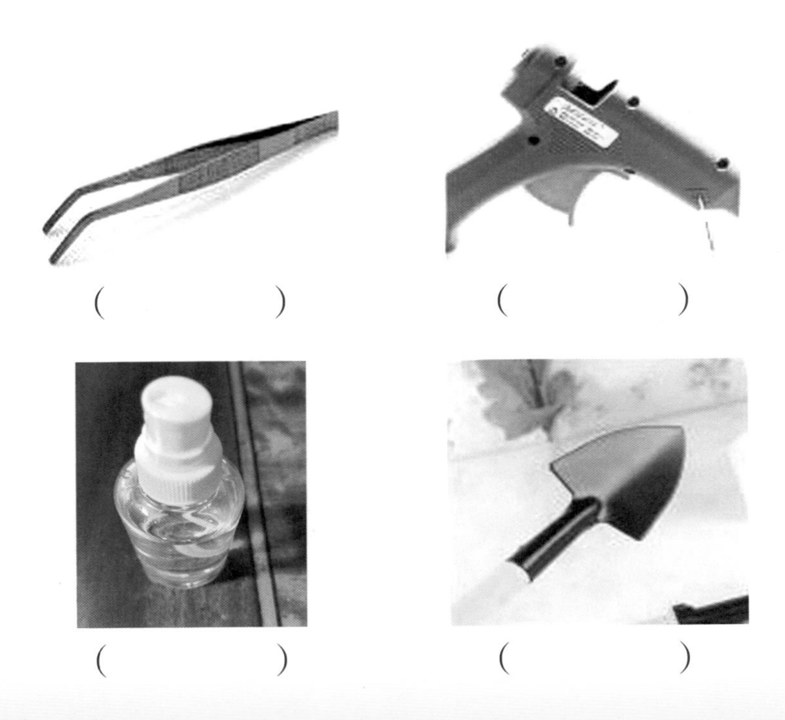

（　　　　）　（　　　　）

（　　　　）　（　　　　）

第七课
苔藓微景观的制作步骤

回顾与分享

上节课我们一起了解了制作苔藓微景观所需要的工具，你还记得有哪些吗？

苔藓微景观的制作步骤

第一步：加入隔水砂石，厚度约0.8厘米，然后用小刷子铺平。

第二步：将水苔均匀铺在隔水层上方，喷水湿润，然后用手轻轻压实，压实后的水苔厚度大约0.5厘米，不能太厚。

第三步：加入种植土，用小刷子调整坡度，背景部分的种植土大概是前景部分的3倍，约3厘米。

第四步：一只手用筷子或者镊子夹住植物的根部将其插入种植土，另一只手扶住植物上端，然后拨土埋住植物根部。

第五步：将摆件放入玻璃器皿合适的位置，轻轻按压，使其固定。

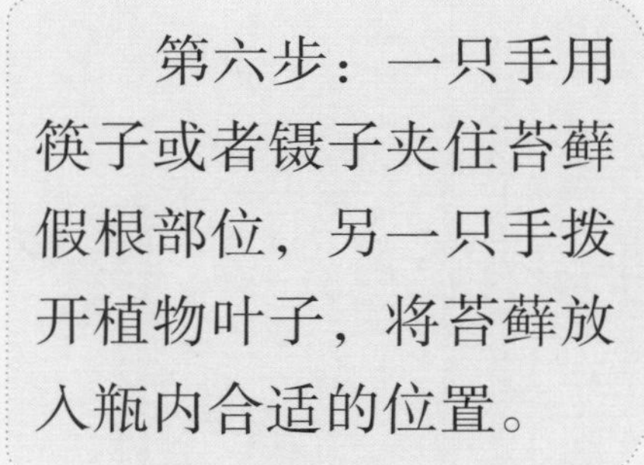

第六步：一只手用筷子或者镊子夹住苔藓假根部位，另一只手拨开植物叶子，将苔藓放入瓶内合适的位置。

第七步：用手将苔藓轻轻压一压，使其充分与土壤接触，顺便再调整一下苔藓的位置。

第八步：倾斜瓶子，用装饰沙填充苔藓之间的空隙，依次加入细沙、鹅卵石、蓝沙。

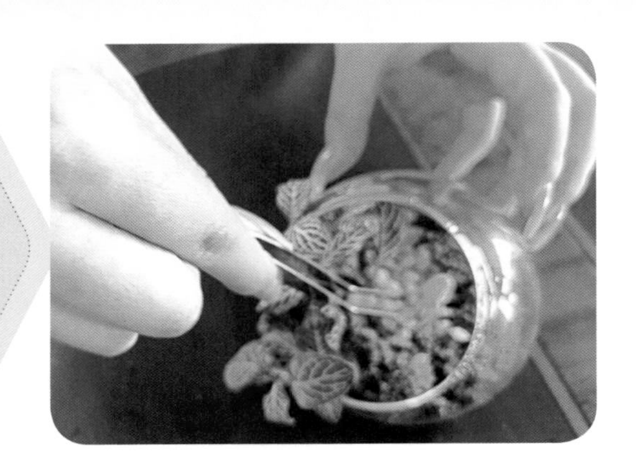

第九步：给微景观喷水，喷到隔水层有一半积水即可，积水量不能超过隔水层。

说一说

苔藓微景观的制作步骤有哪些？你能按顺序说一说吗？

亲子作业

和你的爸爸妈妈一起动手做一个苔藓微景观吧！

第八课
苔藓微景观的养护和
对环境的作用

回顾与分享

上节课，我们一起学习了苔藓微景观的制作步骤， 你能具体说一说吗?

苔藓微景观的养护

一个玻璃瓶、一些小摆件，再加上苔藓和其他的小植物，一个漂亮的苔藓微景观就完成了。相比起多肉微景观来说，苔藓微景观的日常养护还是很容易的，那就让我们一起来看一看吧!

(1) 光照

苔藓是阴生植物，对光照需求没有那么强烈，尤其不可以全天在强烈阳光下进行照射，因此，在下面的三种照射方式中选择其一就可以保证它的日照需求了:

① 室内全天明亮的自然散射光;

② 日出或日落时 1 ~ 2 小时的日照;

③ 台灯照射 6 ~ 8 小时。

用灯光照射就可以保证苔藓微景观的日常光照需求。

(2) 水分

苔藓是靠叶面直接吸收水分的植物，用喷壶浇水时，苔藓喷叶面，其他植物喷土面，以免其他植物烂叶。

虽然苔藓喜欢潮湿，但浇水太多也会“生病”，所以浇水要适量，日常养护宁可干一点，也不要过湿。

当叶片沾水贴在玻璃内壁上时，一定要将两者分开哟！否则叶子会腐烂掉的。

（3）温度

苔藓及瓶中的其他植物综合适应温度为 15 ~ 28 摄氏度，但最佳的种植温度为 22 ~ 25 摄氏度。

（4）土壤

虽然微景观中的苔藓对土壤没有要求，但还是建议用专门的培养土，因为这种土不容易发霉。

（5）通风

如果是带盖密封的玻璃瓶，建议每天开盖 1 ~ 2 个小时，让植物透透气，增加空气流通；如果没有盖子，也不要长期吹风，以免水分流失太快导致植物干枯。

苔藓微景观的日常养护要从哪几个方面考虑呢？

苔藓微景观对环境的作用

检测空气质量

当苔藓植物暴露于空气中时，其植物体表面直接吸收离子而无过滤作用，因此，苔藓植物对环境变化非常敏感。也正由于苔藓植物结构简单、对外源物质吸附力强、极易对污染因子产生反应，所以苔藓植物对空气中的二氧化硫等污染物质的敏感性远远高于其他高等植物。

苔藓植物在遭受空气污染毒害后，叶片会出现明显的黑斑或褐化现象，或在叶片背面出现特殊的银灰色光泽。

测一测

请小朋友回家观察一下家里的苔藓微景观，通过微景观中苔藓的样子检测一下家中的空气质量。

第九课
多肉微景观的土壤条件
和常用植物

回顾与分享

上节课我们了解了苔藓微景观的养护和对环境的作用，你们谁能来说一说吗？

多肉微景观的土壤条件

近些年来，各种多肉植物渐渐融入我们的生活， 我们常常对“萌肉”们关爱有加，不时浇水，检查根系。可是，它们却总是没精打采的，这与它的土壤有着重要关系，下面就为您讲解适合多肉植物栽种的土壤。

肥沃园土指经过改良、施肥和精耕细作的菜园或花园中被打碎和过筛的肥沃、微酸性土壤。

腐叶土是由植物枝叶在土壤中经过微生物分解发酵后形成的。腐叶土一般土质疏松，偏酸性。

肥沃园土

腐叶土

培养土是将一层青草、枯叶、打碎的树枝与一层普通园土堆积起来，浇入腐熟饼肥，让其发酵、腐熟后， 再打碎过筛而形成的。

泥炭土是古代湖沼地带的植物被埋藏在地下，在淹水和

培养土

泥炭土

缺少空气的条件下，分解而形成的特殊有机物。

粗沙主要是直径 2 ~ 3 毫米的沙粒，酸碱度呈中性。

粗沙

苔藓

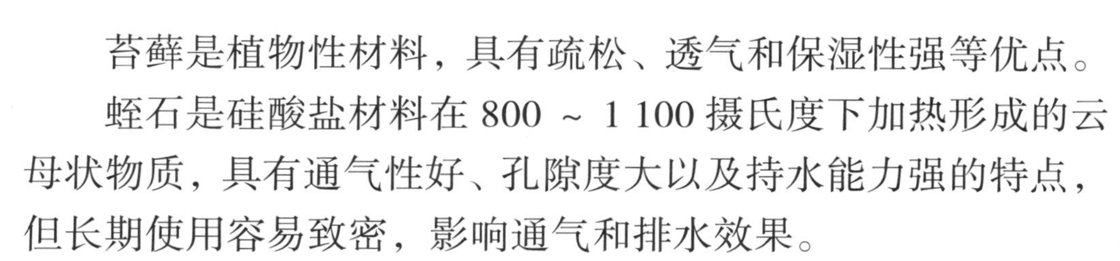

苔藓是植物性材料，具有疏松、透气和保湿性强等优点。

蛭石是硅酸盐材料在 800 ~ 1 100 摄氏度下加热形成的云母状物质，具有通气性好、孔隙度大以及持水能力强的特点，但长期使用容易致密，影响通气和排水效果。

珍珠岩是由粉碎的岩浆岩加热至 1 000 摄氏度以上所形成的膨胀材料，质地较轻，通气良好。

蛭石

珍珠岩

说一说

现在你知道多肉微景观需要什么样的土壤了吧，能不能给大家说一说？

多肉微景观的常用植物

生石花　虹之玉　碰碰香　熊童子

星美人　黑法师　玉扇　子持莲华

玉蝶　雅乐之舞　火祭　黄丽

说一说

这么多可爱的多肉微景观常用植物中，你最喜欢哪一种呢？请你把它的样子仔细描述出来，让大家来猜一猜。

第十课
多肉微景观的制作步骤

回顾与分享

上节课我们一起了解了多肉微景观所需要的土壤条件和常用的多肉植物，你能具体说一说有哪些吗？

多肉微景观的制作步骤

（1）材料准备

多肉植物、营养土、花盆、铺面石、配饰、种植工具。

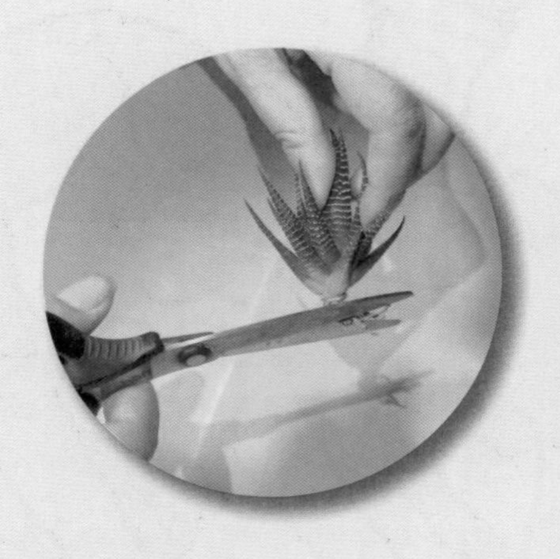

（2）植物修根

根须较长的植物，可以用剪刀把主根旁的须根修掉，然后放在通风阴凉处晒根一天左右。

（3）加入陶粒沙

选择合适的花盆，在底部均匀地铺上垫底陶粒沙，这样可以有效保持土壤的透气性、透水性，减少腐根与烂根的现象。

（4）加入植料

加入适量的多肉营养土，用工具轻轻抚平。

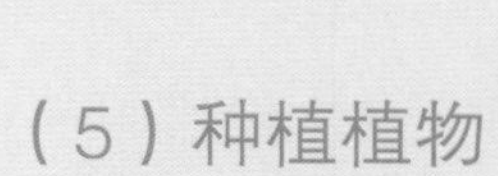

（5）种植植物

按照自己的喜好自由安排每棵植物在花盆中的位置，较小的植物可以用镊子来固定。

（6）加入铺面

选择喜欢的铺面石，在花盆空余地方进行修饰，尽量遮盖种植土，这样既美观，又可以防止种植土干燥起尘，然后再摆放上你喜欢的配件。

（7）种植完成

瞧！一盆可爱的多肉就种植好啦！种好后避免暴晒，3 ~ 5 天之后可以少量浇水。

说一说

多肉微景观的制作步骤有哪些？你能按顺序说一说吗？

和你的爸爸妈妈一起动手做一个多肉微景观吧！

第十一课
多肉微景观的养护
和对环境的作用

多肉微景观的养护

（1）温度

多肉植物的室内温度最好控制在15 ~ 28 摄氏度，我们一般的室内温度都是比较合适的。最低不能低于 5 摄氏度，最高不能高于 35 摄氏度哦！

（2）光照

多肉植物需要的光以散射光为主。什么是散射光呢？ 就是从窗户等地方射进的自然光。多肉植物一般只需要适当的光亮就行， 在夏天还要尽量避免阳光直射。

（3）土壤

多肉植物需要的土壤要疏松透气、排水良好，土壤酸碱度以中性为宜。

（4）浇水

牢记“宁干勿湿”的原则。春季可以少浇水，每月一次。夏季半个月一次。秋季可以适当多浇水。冬季则要严格控制浇水，并且要选择在天气晴好时浇水，浇水后注意通风晾晒。

（5）耐心

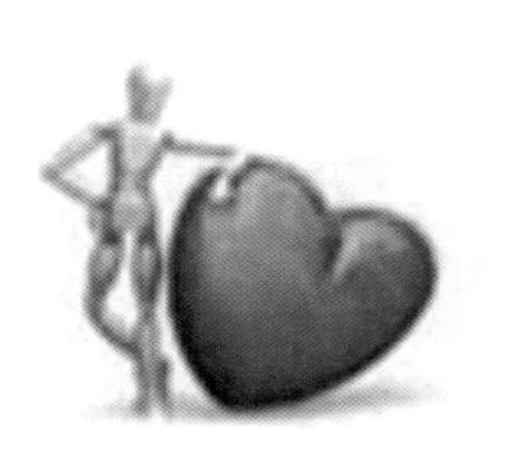

除了以上的养护方法以外，植物还需要你的耐心。因为植物是不断生长的，它会渐渐发生一些变化，比如老根腐烂

了需要修剪，比如换环境后不适应，掉叶子现象严重。这时候不要着急，等它缓一缓，适应了新的环境后，就又能生长出新的叶片和根了。

说一说

> 多肉微景观的日常养护要注意哪几个方面呢？

多肉微景观对环境的作用

（1）净化空气

植物的光合作用同样适用于多肉，有趣的是多肉植物是白天闭合呼吸，夜间吸收二氧化碳释放氧气。

（2）美化环境

多肉植物通过景观设计后，具有很强的观赏性，可以放在书房、客厅或者阳台、花园等地方，能起到美化环境的作用，也能让人心情愉悦、放松。

说一说

多肉微景观对环境的作用有哪些呢？

第十二课
创作一个属于自己
故事的作品

亲子分享会

在节假日举办一个亲子分享会，分享自己的快乐与烦恼。

写下属于自己的故事

在亲子分享会上，若菡分享了自己的居家小故事。

2022年初春，若菡因疫情开始了居家生活。连日的网课，让若菡有些疲惫，她十分想念她的同学。一日午后，若菡在阳台上晒太阳，不知不觉间竟然睡着了。恍惚间，她置身一个白茫茫的世界，白雾渐渐散去，眼前清晰地出现了一个名叫小柔的长相精致的小姑娘，她们志向一致，兴趣相投，有聊不完的话题。当然，若菡也把这次苏州的疫情告诉了小柔，小柔告诉若菡，在她的世界里，西南角方向住着一位药剂师，据说，他可以根据求药者的善良和坚持，调配出治疗各种疑难杂症的灵药。当然，想拿到灵药可没有那么简单，首先必须越过一片沼泽地，穿过丛林，越过高山，才能得到灵药，最后还要用人类的善良、团结来开启灵药的神奇功效。若菡听了，决心和小柔开启大冒险，寻找可以控制疫情的灵药。她们跋山涉水，克服千难万险，终于得偿所愿。突然，云雾又起，小柔消失了，若菡独自一人在云雾中徘徊，妈妈的声音逐渐清晰，“若菡，还不醒醒，下午的网课马上开始了！”

上完网课，若菡突发奇想，决定把自己的故事创作成作品，用园艺倾诉自己的心愿！

若菡回忆上学时所学的社团课，根据之前学过的操作方法，完成了以下步骤的制作和设计：

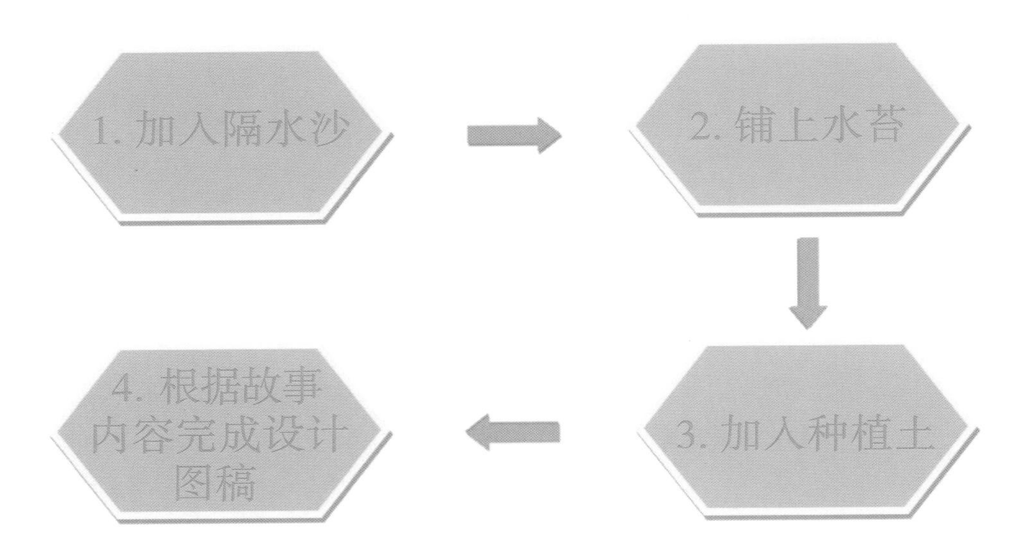

接下来，大家一起来体验若菡的冒险之旅吧……

若菡首先翻越两座高山，又小心翼翼地穿越沼泽地，接着，她走过一片有野兽出没的丛林，最后她来到一个湖泊边，湖上没有桥，只有湖中的一块块礁石……

若菡把自己的冒险经历设计成了一张平面图。

① 高山 ② 沼泽 ③ 丛林 ④ 湖泊

若菡爸爸是家里的技术担当，他带着若菡一起将平面图进行了电脑再制作，使得平面图更加美观了。

若菡根据设计图纸，一气呵成地制作出了微景观作品《若菡大冒险》。

若菡妈妈的生活经验最丰富，早上，外卖员送来的冰皮面包打包盒里有一小袋干冰，机智的妈妈就变废为宝，把干冰放入水中。顿时，云雾缭绕，让《若菡大冒险》更有梦境感了。不过，妈妈反复提醒若菡使用干冰时务必注意安全，不能用手直接触摸干冰，需要佩戴手套或用镊子夹，否则会伤到手。

从此，若菡全家一起细心呵护着这个微景观小盆栽。爸爸工作忙，负责每周浇一次水；妈妈则负责天晴的时候给它晒太阳杀菌。若菡上完网课，就有小盆栽陪伴着她，小盆栽成为她作文和日记的灵感源泉。当爸爸忙的时候，若菡还主动承担了爸爸的护绿职责。

因为共同培育一个小盆栽，若菡和爸爸妈妈变得更有共同语言，家庭氛围也变得更加民主、融洽。他们互相学习，若菡教会爸爸微景观设计，爸爸则让若菡学会了新技术——用电脑制作平面图，若菡一家的居家生活更加丰富多彩、春意盎然了！

若菡在线上分享了自己的作品后，得到了朋友们的共鸣，吸引不少微景观粉丝加入了微景观创作群。

“微粉”作品欣赏

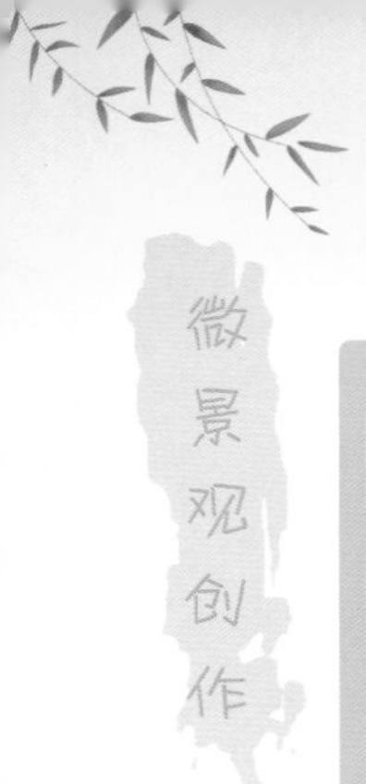

哇！这么多的微景观足够做一个睡眠花园了。

想象你睡在这个花园里的感受，请和父母、同学分享自己的感受。

亲子作业

1. 把学到的物理学知识应用于自己的作品，对微景观进行灯光设计，让属于自己故事的作品在夜空中闪烁。

2. 把种植微景观的生态瓶换成更大的蔬菜种植箱，召开家庭会议，一起探讨：如何让蔬菜种植箱放置得更安全，带领孩子经营自家的空中菜园。

3. 在你们的菜园里举行一次亲子派对，在老师的帮助下进行一次小型班级直播，和更多家庭分享你们的快乐。